LE NUMÉRATEUR

DE DUSSON.

NUMÉRATEUR DE DUSSON,

OU

PLAN DÉMONSTRATIF ET PRATIQUE DES RÈGLES DU CALCUL,

SANS PLUME NI CRAYON,

A L'USAGE

DES MAITRES, DES ÉLÈVES, ET DE TOUS CEUX QUI N'ONT PAS L'HABITUDE DU CALCUL SUR LE PAPIER.

PAR

M. DUSSON,

MEMBRE DE PLUSIEURS SOCIÉTÉS SAVANTES.

PARIS

DE L'IMPRIMERIE DE C. FARCY,

RUE DE LA TABLETTERIE, N° 9.

1829

LE NUMÉRATEUR

DE DUSSON.

INSTRUCTION

POUR SE SERVIR DU NUMÉRATEUR DE DUSSON.

Le Numérateur, loin de déroger au calcul ordinaire, n'en est au contraire que la plus fidèle imitation, l'application rendue sensible.

Le Numérateur a la propriété, 1° de présenter à l'œil, de la manière la plus évidente, tout le système arithmétique, la composition et la décomposition des nombres; et conséquemment de faciliter l'étude et l'enseignement des règles : tel est le but que, en le composant, nous nous sommes principalement proposé.

2° D'être un plan perpétuel pour opérer des calculs, sans plume ni crayon.

3° D'être à la portée de tout le monde, même des plus petits enfans.

4° De ne pas permettre l'erreur, ou, ce qui est la même chose, de la faire voir sur-le-champ.

5° De ne pas fatiguer la mémoire, car elle n'a rien à retenir; ni l'esprit, car il n'y a point d'abstractions, tout y devenant matériel et sensible.

6° Enfin, de se prêter à toutes sortes de combinaisons mathématiques et autres, notamment aux combinaisons et figures géométriques.

Dans cette instruction, nous nous bornerons aux quatre règles de l'arithmétique. Dans d'autres traités, nous expliquerons les diverses applications dont le Numérateur est susceptible.

Nous allons d'abord en donner la description et expliquer la destination de ses principales parties.

Description et explication du Numérateur.

Le Numérateur comprend deux parties bien distinctes; l'une, principale et intérieure, est composée d'un certain nombre de grands carrés réguliers, tous de même grandeur, et dont chacun est subdivisé en quatre-vingt-un petits carrés parmi lesquels cinq se distinguent des autres; l'autre partie est accessoire et extérieure : elle forme l'encadrement de la partie principale, et sert à faire connaître la valeur numérique de chaque point de cette même partie principale.

La partie principale est un plan divisé par des lignes horizontales, c'est-à-dire, allant de droite à gauche, et par des lignes verticales, ou allant de bas en haut.

Les lignes horizontales et verticales produisent, par leur croisement, tout à la fois des degrés et des petits carrés. Ces degrés et ces petits carrés sont des unités géométriques, les unes de longueur, les autres de surface.

Ces deux sortes d'unités conventionnelles sont les plus propres à représenter toute espèce d'unité réelle, et à donner une idée exacte et sensible des principes de la numération, parce qu'elles ont une étendue, une réalité, tandis que les chiffres seuls ne sont que des signes abstraits et dépourvus de toute réalité, qui, par cette raison, fatiguent beaucoup l'esprit.

Ainsi, soit horizontalement, soit verticalement, de ligne en ligne il y a une unité. Par exemple, sur la ligne chiffrée horizontale qui règne au-dessous de la partie principale, l'espace compris entre 0 et 1 est une unité; celui compris entre 1 et 2 est une autre unité, et ainsi de suite. De même, sur la ligne chiffrée montante, qui est à droite de la partie principale, de 0 à 1, il y a une unité, de 1 à 2 une autre unité, etc. Ces exemples sont applicables à chacune des lignes horizontales ou verticales de la partie principale du Numérateur.

Toutes ces unités, considérées chacune en elle-même, ne valent qu'*un*, mais considérées sous le rapport de la place qu'elles occupent, c'est-à-dire relativement à celles qui les précèdent et au commun point de départ *o*, chacune d'elles vaut d'abord *un*, plus, autant d'autres unités qu'il y en a entre elle et le point de départ *o*. Ainsi la deuxième unité vaut 2, la troisième vaut 3 et ainsi des autres.

Il n'y a donc, à proprement parler, que l'unité première qui soit simple et élémentaire dans l'échelle des nombres, puisque toutes les autres acquièrent, par la place qu'elles occupent, une valeur collective qui va croissant à mesure qu'elles sont plus éloignées du commun point de départ.

Cette valeur croissante procède d'abord par *unité* simple jusqu'à 10; mais ensuite elle procède par *dixaine* d'unités, puis par *centaine* d'unités, etc., c'est-à-dire par unités d'une valeur décuple, centuple, etc.; et comme la dixième unité simple, ou décuple, ou centuple, etc., devient la première d'un nouvel ordre, la neuvième devient la dernière de chaque ordre; car la dixième est d'une nature mixte, participant, par sa croissance ou différence progressive, de la nature des unités précédentes, et par sa valeur ordinale, de la nature des unités suivantes. Voilà pourquoi, sur le Numérateur, les divers ordres d'unités sont distingués les uns des autres en ce que les lignes qui séparent chaque neuvième unité de la dixième sont plus fortement prononcées. L'espace compris entre deux lignes fortes s'appelle *division* et renferme neuf unités du même ordre placées sur une même ligne. Ainsi, dans chaque division, la deuxième unité en vaut *deux*, la troisième *trois*, du même ordre, et ainsi des autres.

A chaque degré ou point d'intersection des lignes, et conséquemment à l'endroit où chaque unité, soit linéaire, soit de surface, finit, est complètement formée, il y a un trou servant à placer une fiche; les trous deviennent eux-mêmes des unités représentatives très aisées à compter. La fonction des fiches est de marquer, parmi toutes les unités tracées sur le Numérateur, celles d'entre elles qui figurent dans l'opération que l'on fait, toutes les autres demeurant neutres.

Les lignes horizontales servent pour marquer des nombres, additionner, soustraire. Les lignes horizontales et verticales servent, par leur concours, à la multiplication et à la division.

Partie extérieure. 1° Il règne au-dessus une suite de chiffres placés vis-à-vis chaque degré des lignes horizontales. Elle sert à faire connaître la valeur de chaque degré dans chaque division, en allant de droite à gauche.

2° Il règne à droite deux lignes verticales, l'une de trous, l'autre de chiffres. La première sert à marquer le multiplicateur dans la multiplication et le diviseur dans la division, et la seconde indique dans quels trous de la première il faut placer les fiches.

3° Au-dessous, se trouvent : d'abord une ligne de trous destinée principalement à marquer le multiplicande et le quotient ; puis une ligne de chiffres indiquant la place de chaque fiche dans la ligne des trous.

Enfin, trois lignes de trous. La première sert principalement, dans la multiplication, à rapporter et additionner les produits partiels ; les deux autres ne sont que ses *auxiliaires* pour le cas où il y a deux ou plusieurs chiffres semblables à marquer au même degré, dans la division. La première sert à marquer le dividende, et les deux autres à faire les soustractions partielles et marquer les restes.

La première sert encore, avec son complément dont nous allons parler, d'échelle générale des nombres, et, à cause de cela, prend le nom propre d'*échelle*.

4° A gauche, trois lignes verticales de trous, qui font suite aux trois dont nous venons de parler ; elles ont aussi la même destination. La première, c'est-à-dire, celle qui est le plus à droite, s'appelle *complément* de l'échelle.

Une ligne de chiffres à côté de ces trois dernières lignes de trous, indique pareillement la place des fiches dans ces trois lignes.

5° Enfin, à droite, au-dessous et à gauche du Numérateur, se trouve l'indication écrite de chaque division, faisant connaître l'ordre auquel appartient chaque chiffre qui y est marqué ou y correspond.

Cette explication préliminaire étant donnée, nous allons passer aux opérations. Nous indiquerons, 1° la manière d'enseigner aux enfans l'échelle des nombres; 2° celle de marquer un nombre; 3° celle d'additionner; 4° celle de soustraire; 5° celle de multiplier; 6° enfin celle de diviser. Ces six opérations suffisent au plus grand nombre des personnes.

Nous terminerons cet opuscule par l'indication d'un mode de calculer sur le Numérateur, sans plume ni crayon, mais avec des chiffres mobiles, absolument de la même manière que sur le papier.

Étudier ou enseigner l'échelle des nombres.

Dans la science du calcul, il faut d'abord savoir l'échelle des nombres, comme en musique il faut d'abord savoir la gamme.

C'est sur l'échelle du Numérateur qu'il faut exercer les jeunes personnes à nommer les nombres dans leur ordre croissant et décroissant. Cette échelle, dans le format que nous publions aujourd'hui, va jusqu'à 99 milliards, ce qui est évidemment bien suffisant.

On commencera par l'unité fondamentale en allant successivement de droite à gauche. L'élève, ayant à la main une fiche dont il pose légèrement la pointe vers chaque trou comme pour le montrer ainsi qu'on fait quand on montre du doigt les choses que l'on compte, prononce successivement : *un, deux, trois, quatre, cinq, six, sept, huit, neuf.* Puis, à la première unité des dixaines, *dix.* Il y enfonce sa fiche, en prend une autre et revient à l'unité fondamentale pour l'ajouter, ainsi que les suivantes, à la première dixaine marquée, disant successivement : *onze, douze*, etc. Quand il a dit *dix-neuf*, il ôte la fiche qui est à la première dixaine, la place à la seconde dixaine, disant *vingt,* et revient de nouveau à l'unité fondamentale et aux suivantes pour dire *vingt-un,* etc.

En continuant ainsi, l'élève monte jusqu'à *cent.* Quand il sait compter jusque-là, il n'est plus nécessaire de compter un à un; il faut se borner à dire *deux cent, trois cent,* etc., *mille, deux mille,* etc., et ainsi des autres.

Ce qu'il faut avoir soin de faire observer à l'élève, c'est qu'après *soixante-dix* et *quatre-vingt-dix,* on doit prononcer jusqu'à 80 et jusqu'à 100; tout comme après dix jusqu'à vingt; que la même règle d'énonciation s'applique lorsqu'il s'agit de combiner les mille avec les centaines, disant *onze cent, douze cent,* etc., ou les dixaines de mille avec les mille, disant *onze mille, douze mille,* etc., et ainsi des autres.

Cette marche est, à la vérité, la méthode

naturelle; mais le Numérateur devient un auxiliaire puissant, puisque, outre qu'il présente des unités réelles à compter, on les y trouve encore disposées dans l'ordre de la numération et de manière à graver aisément cet ordre dans la mémoire.

Marquer un nombre.

Toute ligne horizontale intérieure peut servir à marquer un nombre quand il n'excède pas la portée d'une telle ligne. Au cas contraire, il faut marquer sur l'échelle et son complément, ou sur l'une des deux *auxiliaires.*

On est guidé, pour le placement de chaque chiffre (nous entendons par *chiffre* la fiche qui en fait la fonction), dans chaque division intérieure, 1° par la ligne chiffrée du haut; 2° par les cinq petits carrés qui se distinguent dans chaque case (la case est un grand carré qui en renferme 81 petits). Si en effet on remarque une ou deux fois à quels chiffres correspondent les angles de ces cinq petits carrés, on s'habituera aisément à trouver sans hésitation et par la seule inspection le degré ou trou où il faut poser la fiche sans avoir besoin de consulter les lignes chiffrées.

On est guidé, pour le placement sur l'échelle ou ses auxiliaires, par les lignes chiffrées du bas et de gauche.

On marque un nombre selon les exemples que voici :

1° Si j'ai à marquer 8, je pose une fiche dans le huitième trou de la première division qui est celle des unités.

2° Si j'ai à marquer 10, je pose une fiche dans le premier trou de la seconde division qui est celle des dixaines. Zéro étant l'expression du *néant*, indiquant l'absence d'un chiffre positif, et la première division demeurant vide, ce vide équivaut au zéro.

3° Si j'ai 15 à marquer, je pose une fiche dans le cinquième trou de la première division, et une dans le premier trou de la seconde.

4° Si j'ai à marquer 100 ou 1000, ou 10,000, je pose une fiche dans le premier trou de la troisième ou quatrième ou cinquième division, et cela suffit.

5° Si j'ai 604, je pose une fiche dans le quatrième trou de la première division (*rien* dans la seconde que je franchis, puisque zéro ou rien c'est la même chose), ensuite une seconde fiche dans le sixième trou de la troisième division qui est celle des centaines.

Ces exemples suffisent amplement pour tous autres nombres.

Si donc j'ai à marquer 3 fr. 21 c., alors, prenant le centime pour *unité*, je marquerai 321, selon qu'il vient d'être dit.

Nous ferons observer que cette manière de

marquer ne diffère de la marque sur le papier qu'en ce que, sur le papier, les chiffres se touchent, tandis que, sur le Numérateur, ils sont plus ou moins espacés.

ADDITION.

De l'aveu de tous, l'addition est tout à la fois l'opération la plus simple et celle où l'on se trompe le plus aisément, où la mémoire est le plus mise à l'épreuve et le plus tôt fatiguée, au point de finir par s'embrouiller et exiger la suspension, puis la reprise à nouveau de l'opération. Tous ces inconvéniens cessent avec le Numérateur.

Les nombres que l'on veut additionner se marquent ou sur les lignes horizontales intérieures ou sur l'échelle et ses auxiliaires, de la manière que nous avons indiquée pour marquer un nombre quelconque.

On pourrait, sur le Numérateur, prendre autant de lignes qu'il y a de nombres à additionner, et conséquemment marquer chaque nombre sur une ligne particulière comme on fait sur le papier; mais le Numérateur a l'avantage de permettre qu'on les pose tous sur une même ligne tant qu'il y a des trous vacans dans chaque division de cette ligne, et il n'y a nécessité de placer sur la ligne ou les lignes voisines que les chiffres dont la place est déjà occupée sur la ligne principale. Cet arrangement est très préférable sous le rapport de la simplicité, de la vitesse et de la justesse de l'opération.

Il est vrai que par là les nombres se trouvent confondus; mais cela n'importe pas, puisqu'il s'agit, non de les marquer distinctement et à perpétuelle demeure, mais uniquement d'en trouver la somme.

Il résulte en effet de cet arrangement, impossible sur le papier, que, dans chaque division, tous les chiffres de valeur différente se suivent de droite à gauche dans l'ordre de leur valeur croissante, les 2 à gauche des 1, les 3 à gauche des 2 et ainsi des autres, et que, d'un coup d'œil, aidé par l'observation et l'habitude, on peut en connaître la somme totale dans chaque division. Il existe, dans les traités d'arithmétique, au sujet des proportions et progressions arithmétiques, des règles intéressantes qui y restent en pure théorie, mais dont le Numérateur permet l'application. Nous nous abstiendrons de les développer ici, laissant aux maîtres le soin de les enseigner.

Il résulte aussi du même arrangement, que tous les chiffres semblables sont au-dessus les uns des autres sur une même ligne verticale comme dans le calcul sur le papier, savoir : les 1 au-dessus des 1, les 2 au-dessus des 2, et ainsi des autres; de telle sorte qu'on peut en connaître tout d'un coup la somme par voie de multiplication.

Un tel arrangement est assurément le plus méthodique que l'on puisse désirer et obtenir.

Les nombres qu'il s'agit d'additionner étant donc ainsi disposés, quoiqu'il n'y ait qu'une manière possible d'additionner sur le papier, le Numérateur en permet deux, savoir : l'addition avec élimination ou réduction, et l'addition sans élimination. On peut même en ajouter une troisième par multiplication. Nous allons les traiter chacune séparément.

Addition avec élimination.

L'élimination consiste à enlever les fiches à mesure qu'on les additionne, de telle sorte qu'à la fin de l'opération il ne reste sur place que les fiches qui indiquent la somme totale, comme lorsqu'au jeu on additionne et réduit des jetons.

On peut additionner et conséquemment éliminer les fiches une à une ou plusieurs à la fois, comme on veut.

L'élimination une à une et la plus lente, mais la plus sûre est celle qui est le plus à la portée des enfans, exemples :

Supposons 1, 2 et 3 réunis sur une même ligne horizontale dans une division quelconque, ou, pour exemple, dans celle des unités. Le plus petit chiffre étant 1 et le plus fort 3, l'enfant compte *un* degré ou trou à la suite du 3 vers la gauche et tombe sur le 4, disant 3 *et* 1 *font* 4. Il y transporte la fiche du 3 et enlève la fiche 1 qui se trouve additionnée. Il reste alors en place 2 et 4. Or, 2 étant le plus petit, l'enfant compte *deux* degrés ou trous à la suite gauche du 4, tombe sur 6, disant 4 *et* 2 *font* 6, y transporte la fiche 4, enlève la fiche 2 qui se trouve additionnée, et le total est 6.

On voit par là qu'il faut éliminer jusqu'à ce qu'il ne reste qu'une fiche ou rien dans la même division. Il n'y reste rien quand la dernière fiche complète juste une dixaine, car alors elle est marquée dans la division suivante.

Si les deux fiches que l'on additionne ensemble excèdent 9, par exemple 5 et 5 ou 5 et 6.

Pour 5 *et* 5, qui alors se trouvent marquée l'un au-dessus de l'autre, l'enfant compte *cinq* degrés ou trous à la suite gauche, tombe sur la première unité de la division suivante, laquelle unité vaut 10 par rapport à la division où sont marqués les deux 5, et dit 5 *et* 5 *font* 10. Il y transporte une des deux fiches et élimine l'autre.

Pour 5 *et* 6, l'enfant doit compter *cinq* degrés ou trous à la suite du 6, absolument de la même manière que nous avons indiquée pour apprendre l'échelle des nombres; c'est-à-dire que quand il est arrivé à la première unité de la la division suivante (c'est lorsqu'il prononce *quatre*), il y transporte la fiche 6 et revient à la première unité de la division où il opère, disant *cinq*. Là il transporte et place l'autre fiche, et comme les deux fiches marquent 11, il dit enfin : 6 *et* 5 *font* 11.

Ces exemples nous paraissent suffisans pour faire voir comment il faut opérer dans tous les autres cas, et que, sur le Numérateur, la méthode naturelle est facile à enseigner par la pratique. En effet, en procédant ainsi, un enfant aura bientôt appris à additionner de mémoire et à marquer tout de suite la somme comme une grande personne.

Addition sans élimination.

On additionne sans élimination quand on n'enlève pas les fiches qui marquent les chiffres additionnés, mais qu'on se borne à en accumuler la somme dans sa mémoire pour la marquer sur une ligne inférieure comme on fait sur le papier, se réservant de repassser l'addition pour s'assurer de sa justesse.

Mais le Numérateur se prête au repos de la mémoire, car on peut y faire l'opératiou partiellement et se reposer quand on veut : on n'est pas tenu non plus de retenir les dixaines dans sa mémoire, mais on les marque à l'instnt dans la division suivante, sauf à les additionner ensuite avec les autres chiffres de cette division.

Quand on fait l'addition partiellement, on peut noter le chiffre auquel on s'est arrêté, en le reportant à un degré vers le haut, car il ne change pas de valeur; ou, mieux encore, en remplaçant la fiche par une autre d'une couleur particulière.

Dans le même cas d'addition partielle, il y a nécessité, en définitive, de réduire par élimination les sommes partielles rapportées sur la ligne inférieure, pour en connaître la somme totale.

Addition par multiplication.

Ce mode d'addition n'est pas encore connu, parce qu'il n'est pas possible sur le papier. C'est le Numérateur qui, en le permettant, nous en a donné l'idée. Nous allons l'indiquer, moins pour l'utilité pratique que pour l'instruction et la curiosité.

Il serait d'une utilité réelle si on voulait additionner, d'une seule opération, de fortes colonnes de chiffres. En effet, d'après ce mode, plusieurs milliers de chiffres dans chaque division, peuvent être représentés et additionnés rapidement et sûrement avec un nombre infiniment moindre de fiches.

Nous en parlons ici parce qu'il s'agit d'addition; mais pour nous bien comprendre il faudra avoir étudié ce que nous dirons plus loin sur la multiplication.

On y verra qu'une colonne se compose de cases et que chaque case est une table de multiplication; que la case chiffrée, dite case normale, qui est la première de la première colonne, sert de modèle et de règle pour toutes les autres. Prenons donc cette case pour exemple : ce que nous y appliquerons s'entendra de toutes les autres.—A présent supposons que j'aie une quantité considérable de chiffres à additionner dans la colonne ou division des unités. Je marque ces chiffres dans la case normale selon qu'ils se présentent, d'abord sur la première ligne horizontale de cette case, de la manière précédemment indiquée, c'est-à-dire chaque chiffre à son rang numérique de droite à gauche. Quand un chiffre, égal à un précédent déjà marqué, se présente, au lieu de marquer ce nouveau chiffre au-dessus du premier avec une nouvelle fiche, je me borne à transporter la première fiche à un degré plus haut, par exemple, 6 répété devient 12. Un troisième 6 se présentant, j'élève encore ma fiche d'un degré, et ainsi de suite jusqu'au neuvième degré inclusivement. S'il s'en présente encore après 9, je pose une nouvelle fiche sur le premier degré, et cette fiche s'élèvera successivement comme la première, si le besoin l'exige, jusqu'au huitième degré; une troisième fiche montera jusqu'au septième degré et ainsi de suite, jusqu'à ce que la colonne des 6 soit entièrement pleine, c'est-à-dire occupée par 9 fiches si les chiffres à additionner se présentent en nombre suffisant. Bien entendu que je m'arrête dès que les 6 à additionner sont épuisés, quoique la colonne ne soit pas pleine, et que s'il en vient encore après qu'elle est pleine, je recommence dans la case supérieure.

Ce qui vient d'être dit des 6 pour exemple, s'applique à tous les autres chiffres de la colonne des unités, et si la quantité de chiffres à additionner est bien considérable, il peut arriver que la case soit entièrement remplie de fiches.

Il résulte d'une telle combinaison, 1° qu'une immense suite de chiffres écrits sur le papier sans distinction de valeur respective se trouve décomposée et analysée géométriquement sur le Numérateur; 2° que si la case est pleine, 405 chiffres sont représentés par 81 fiches; 3° que chacune de ces fiches vaut autant de fois le chiffre dans la colonne duquel elle est placée que l'indique le degré où elle est, en comptant de bas en haut, par exemple au neuvième degré 9 fois, au huitième 8 fois, etc.; 4° que si j'additionne, par exemple, dans la colonne du 6, la valeur de la neuvième fiche ou 54 avec la valeur de la huitième ou 48, j'additionne tout d'un coup 17 chiffres; que si, dans la même colonne, je triple la valeur de la huitième fiche, j'aurai la somme totale des neuvième, huitième et septième fiches, et conséquemment de 24 chiffres; que si je quintuple la valeur de la septième, j'aurai la somme totale des neuvième, huitième, septième, sixième et cinquième, et conséquemment de 35 chiffres; qu'en septuplant la valeur de la sixième fiche, j'aurai la somme totale des neuvième, huitième, septième, sixième, cinquième, quatrième et troisième fiches, et conséquemment de 42 chiffres; enfin qu'en multipliant par 9 la valeur de la cinquième fiche, j'aurai la somme de toute la colonne, c'est-à-dire de 45 chiffres; 5° et comme la somme des 4 et des 2 pris ensemble est égale à celle des 6, en doublant celle des 6, j'aurai la somme de 135 chiffres, et ainsi des autres 6; si enfin la case est entièrement pleine, en multipliant par 9 la somme totale de la colonne des 5, j'aurai tout d'un coup la somme certaine de 405 chiffres.

En opérant selon ce mode, les sommes partielles devraient se marquer, et la réduction se faire sur l'échelle et ses auxiliaires.

Le lecteur doit sentir tout ce que ce mode aurait davantageux en sûreté et vitesse dans les grandes additions, si on voulait d'abord prendre la peine de rapporter exactement sur le Numérateur tous les chiffres à additioner; car la lenteur ne consiste que là, et elle est bien compensée autant par la vitesse que par la sûreté dans le reste de l'opération.

SOUSTRACTION.

De même que sur le papier, les deux nombres dont l'un est à soustraire de l'autre se marquent horizontalement sur le Numérateur.

Pour faire une soustraction selon toutes les règles, il faut cinq lignes horizontales : 1° une pour marquer les emprunts ; 2° une au-dessous de celle-ci pour marquer le plus fort nombre ou nombre *majeur;* 3° une autre plus bas pour marquer le plus petit nombre ou nombre *mineur;* 4° une autre pour marquer les restes ; 5° et la dernière pour marquer la preuve.

Qand les deux nombres, majeur et mineur, sont marqués, la différence entre le chiffre supérieur et le chiffre inférieur dans chaque division saute aux yeux. Il n'y a qu'à compter les trous ou degrés qui occupent la distance de l'un à l'autre; en observant toutefois que lorsque le chiffre inférieur est le plus fort, c'est-à-dire le plus avancé vers la gauche, il faut d'abord compter jusqu'à la première dixaine suivante, et continuer ensuite sur la ligne du haut de droite à gauche. Par exemple :

1° J'ai à soustraire 6 de 9, je compte à la gauche du 6 jusqu'à ce que je sois sous le 9, et j'ai *trois* degrés que je marque au-dessous sur la ligne des restes par une fiche mise au troisième degré de la même division.

2° J'ai à soustraire 6 de 6, en ce cas les deux

fiches sont au même degré, ont la même valeur, il y a équation. Point de différence et dès lors rien à marquer sur la ligne des restes dans cette division.

3° J'ai à soustraire 6 de 4. Comme il y a nécessité d'emprunter une dixaine en faveur du 4, je commence par marquer cet emprunt comme il va être dit. Ensuite, comme j'ai emprunté 10, je compte d'abord depuis 6 jusqu'à 10 inclusivement, c'est-à-dire jusqu'à la première unité de la division suivante, ce qui fait 4. J'y ajoute 4, valeur du chiffre supérieur, ce qui fait 8. Donc la différence est 8, que je marque sur la ligne des restes au huitième degré ou trou de la même division.

L'emprunt se marque sur la ligne d'emprunt en plaçant une fiche à un degré à droite du chiffre prêteur, pour signifier que ce chiffre vaut une unité de moins, ou, ce qui est la même chose, qu'il n'a plus que la valeur de la fiche d'emprunt elle-même. Par exemple : si j'emprunte d'un 4, je place la fiche d'emprunt au troisième degré; si c'est de 3, je la mets au deuxième; si c'est d'1, je la mets au neuvième degré de la division précédente, ce qui annonce que 1 égale zéro.

Si le nombre majeur comprend plusieurs zéros (ou divisions vides) de suite, comme 30,002; après avoir marqué l'emprunt comme nous avons dit, on marque 9 sur la ligne d'emprunt dans toutes les divisions vides, excepté dans celle qui est le plus à droite. Dans celle-ci on compte la différence jusqu'à dix, et dans les autres jusqu'à 9.

On voit par là que, sur le Numérateur, la soustraction ne diffère en rien des règles que l'on suit sur le papier; que seulement les différences deviennent plus sensibles, et que l'on n'est pas obligé de retenir les emprunts dans sa mémoire.

La soustraction peut aussi se faire par élimination. Cela devient même nécessaire dans l'opération de la division. Il convient donc de l'expliquer ici :

Dans ce mode on se contente de deux lignes pour les deux nombres, au lieu de cinq. S'il y a lieu à emprunt, il se réalise en reculant le chiffre prêteur d'un degré vers la droite. A mesure que l'on trouve les différences, on les marque sur la ligne du nombre mineur, et en même temps on élimine le chiffre de ce nombre dans la division où l'on vient d'opérer. En sorte qu'à la fin de l'opération, il ne reste plus sur la seconde ligne que la différence totale que l'on cherchait.

MULTIPLICATION.

Observations préliminaires.

Multiplier, c'est ajouter un certain nombre à

lui-même une certaine quantité de fois. C'est une sorte particulière d'addition qui diffère de l'autre en ce que, dans l'autre, on opère indistinctement sur des nombres égaux ou inégaux; nous avons pourtant fait voir, en parlant de l'addition proprement dite, comment on peut, jusqu'à un certain point, soumettre les nombres inégaux au régime de la multiplication. Il y a naturellement trois manières d'ajouter une chose à elle-même, c'est en mettant une seconde unité semblable à la première, à la suite ou à côté, ou au-dessus de celle-ci, comme lorsque je pose un dez à la suite d'un dez semblable, ou à sa gauche ou droite, ou par-dessus.

Il est évident que, sur le Numérateur ou sur le papier, un nombre ne peut pas *s'entasser*, parce que les unités n'y sont pas des corps mobiles, mais seulement des figures; qu'il ne peut pas non plus s'ajouter à sa suite, surtout lorsqu'il est composé d'élémens différens tels qu'unités, dixaines, centaines, 1° parce qu'il en résulterait une suite infinie; 2° parce que les élémens semblables ne se toucheraient pas, mais seraient successivement entremêlés avec leurs dissemblables.

Reste donc la troisième manière qui répond à tous les désirs. Si en effet je place une unité simple à côté d'une unité simple, une dixaine à côté d'une dixaine, une centaine à côté d'une centaine, le nombre entier composé de cette unité, de cette dixaine, et de cette centaine, se trouve répété, ajouté à lui-même une fois, et pris deux fois, par l'effet de cette adjonction latérale.

Telle est donc la fonction remarquable du Numérateur, c'est non-seulement de se prêter aux additions et aux soustractions, mais aussi et surtout de servir à prendre une certaine quantité de fois un nombre donné, d'être une vaste table de multiplication. En effet, ainsi que les lignes horizontales sont graduées de droite à gauche par les lignes verticales, de même les lignes verticales sont graduées de bas en haut par le croisement des lignes horizontales, et les degrés formés sur les lignes verticales, à l'instar de ceux formés sur les lignes horizontales, c'est-à-dire par progression décuple de bas en haut, indiquent la quantité de fois qu'est pris un nombre marqué horizontalement.

On remarquera, 1° que les fortes lignes verticales placées de 9 en 9 degrés forment des colonnes qui se désignent, en les comptant de droite à gauche, par première, deuxième, et ainsi de suite.

2° Que ces colonnes, coupées de 9 en 9 degrés par les fortes lignes horizontales, sont divisées en grands carrés appelés *cases*, qui se désignent, en les comptant de bas en haut dans chaque colonne, par première, deuxième, etc.

A présent, voyons la composition de ces

cases, et prenons pour exemple la première case de la première colonne.

1° Elle est composée de 9 lignes verticales qui la partagent verticalement en 9 portions égales ou petites colonnes.

2° Elle est encore composée de 9 lignes horizontales qui la partagent aussi horizontalement en 9 portions égales ou petites bandes.

3° Par le croisement des lignes horizontales avec les lignes verticales, chaque neuvième portion verticale se trouve subdivisée en 9 portions égales ou petit carrés, et, par la même raison, chaque neuvième portion horizontale se trouve également subdivisée en 9 petits carrés égaux.

D'où il suit que la case renferme 81 petits carrés ou unités géométriques, c'est-à-dire 9 fois 9.

Si donc, par exemple, j'ai à prendre le nombre 4 quatre fois ; en d'autres termes, si je veux multiplier 4 par 4, ou, ce qui est encore la même chose, ajouter ce nombre trois fois à lui-même, je pose d'abord (ceci n'est que pour explication et pour qu'un enfant même puisse le comprendre ou qu'on puisse le lui faire comprendre) une fiche au quatrième degré de la première ligne horizontale, qui est le même que le premier degré de la quatrième ligne verticale, et j'ai déjà 4 une fois, puisqu'en effet, en comptant de droite à gauche j'ai 4 trous.

Ensuite je remonte ma fiche au deuxième degré de la quatrième ligne verticale, qui est le même que le quatrième degré de la seconde ligne horizontale, et j'ai deux fois quatre trous ou 8. Je la remonte au troisième degré de la même ligne verticale, qui est le même que le quatrième de la troisième ligne horizontale, et j'ai trois fois quatre trous ou 12. Enfin je la remonte au quatrième degré de la même ligne verticale, qui est le même que le quatrième de la quatrième ligne horizontale, et j'ai 4 fois 4 trous ou 16.

On voit par là que le point où se croisent dans la case la quatrième ligne verticale avec la quatrième ligne horizontale est celui où finit la dernière unité géométrique de la somme cherchée ou du produit cherché. Or, comme ce point ferme une figure ou surface renfermant 16 unités géométriques, on peut et on doit dire, prenant la partie pour le tout, que cette dernière ou seizième unité ou le trou qui la représente vaut 16 par la même raison que la quatrième unité horizontale vaut 4. Voilà pourquoi, dans la case dont il s'agit, cette seizième unité est marquée 16.

Il suit de là, qu'en plaçant de prime-abord une fiche à ce point d'intersection, je détermine à l'instant d'une manière certaine le produit de 4 par 4 et que l'erreur est impossible si mes yeux voient clair; car je ne pourrais me tromper qu'en plaçant la fiche ailleurs qu'au point d'intersection de la quatrième ligne verticale avec la quatrième ligne horizontale, erreur dont tout œil tant soit peut clairvoyant doit s'apercevoir.

Ce que nous venons de dire de 4 multiplié par 4 pour exemple, s'applique à tout autre chiffre de 1 à 9 inclusivement, comme on peut s'en convaincre par l'examen de la case. Or, ce qui concerne cette première case s'applique indistinctement à toutes les autres, quoiqu'elles ne soient pas chiffrées. Ainsi, toutes les cases sont autant de tables de multiplication particulières et distinctes où les lignes verticales et horizontales forment, en se croisant, des produits d'un ordre différent, selon le même principe, la même règle que dans la case chiffrée.

Ainsi encore, tous les chiffres du multiplicande sont multipliés, savoir : dans la première case de la colonne propre à chaque chiffre, par les unités du multiplicateur; dans la seconde case par les dixaines; dans la troisième par les centaines, et ainsi de suite; c'est-à-dire que les unités, les dixaines, les centaines, etc., du multiplicande sont prises tant de fois, tant de dixaines, tant de centaines, etc., de fois, selon que les divers chiffres du multiplicande se croisent avec les divers chiffres du multiplicateur, à angle droit, dans la première, ou deuxième, ou troisième case, etc., de chaque colonne.

Le nombre multiplicande se marque sur la ligne horizontale de trous placée entre la ligne chiffrée et la partie intérieure du Numérateur; elle prend le nom propre de *ligne du multiplicande.* Le nombre multiplicateur se marque sur la ligne verticale de trous placée à droite entre la partie intérieure du Numérateur et la ligne verticale chiffrée; elle prend le nom propre de *ligne du multiplicateur.*

Après ces observations générales, il convient de donner une explication à l'égard des cinq petits carrés, plus prononcés que les autres, que l'on remarque dans chaque case.

Dans la case chiffrée, la valeur de chaque petit carré est marquée par le chiffre ou les chiffres qu'il renferme; mais elle ne l'est pas dans les autres cases, et il ne fallait pas toutes les chiffrer, 1° parce que c'eût été une confusion, 2° parce que le Numérateur étant principalement destiné à graver dans la mémoire des jeunes gens les principes élémentaires de l'arithmétique, le but aurait été manqué si chaque case eût été chiffrée, car cela aurait favorisé la paresse de l'esprit, tandis que l'absence de chiffres les force de graver dans leur mémoire. Il suffisait donc d'un modèle, et ce modèle est dans la première case de la première colonne, que j'appelle case *normale.* Cependant il fallait donner des points d'appui à la mémoire pour les autres cases ; les cinq petits carrés sont ces points d'appui.

Si en effet on remarque, dans la case normale, par exemple, que le produit de 2 par 2 se marque à l'angle inférieur droit du premier petit carré, le produit de 3 par 2 à son angle inférieur gauche et à son angle supérieur droit, le produit de 3 par 3 à son angle supérieur gauche ; une fois ou deux que l'on aura nommé ces angles 4, 6, 9, on n'hésitera plus à les nommer de même dans les autres cases sans avoir besoin de recourir à la case normale ni même de dire *deux fois deux font quatre*, *deux fois trois font six*, *trois fois trois font neuf*.

Ce que nous venons de dire du premier petit carré s'entend aussi des quatre autres, et une fois que l'on connaît bien la valeur de leurs points angulaires, on n'a pas beaucoup de peine à connaître ensuite et à énoncer sans hésitation la valeur des points intermédiaires.

Application.

Supposons à présent que j'aie à multiplier 22 par 22 ; je commence par marquer le multiplicande 22 sur la *ligne du mulplicande*, comme on marque tout nombre, c'est-à-dire 2 au deuxième degré de la division des unités, et 2 au deuxième degré de la division des dixaines.

Ensuite je marque le multiplicateur 22 sur la *ligne du multiplicateur,* savoir : 2 au deuxième degré de la division des unités, et 2 au deuxième degré de la division des dixaines.

Dans cette position des deux facteurs, les deux fiches du multiplicande regardent vers le haut et les deux du multiplicateur regardent vers la gauche, en sorte que les deux unités du multiplicande se croisent dans la première case de la première colonne avec les deux unités, et dans la seconde avec les deux dixaines du multiplicateur; de même les deux dixaines du multiplicande se croisent dans la première case de la seconde colonne avec les deux unités, et dans la seconde avec les deux dixaines du multiplicateur.

Voilà donc quatre produits dans 4 cases séparées : or, comme il y a deux manières de fixer et rapporter les produits, l'une élémentaire et didactique, l'autre expéditive et de pratique, nous expliquerons d'abord la première manière, parce qu'elle convient aux commençans, afin aussi de faire mieux sentir la similitude qu'il y a entre l'opération sur le Numérateur et l'opération sur le papier.

1° Multipliant les unités du multiplicande par celles du multiplicateur, je pose (ce qui s'appelle *fixer le produit*) une fiche au point d'intersection des deux lignes verticale et horizontale dans la première case de la première colonne, disant *deux* fois 2 font 4 (produit indiqué par la place de la fiche). Je marque ce produit (ce qui s'appelle *rapporter le produit*) sur l'échelle, première division, au quatrième degré.

2° Multipliant les dixaines du multiplicande par les unités du multiplicateur, je pose une fiche au point d'intersection des deux lignes verticale et horizontale dans la première case de la seconde colonne, disant encore deux fois 2 font 4 (nombre indiqué par la place de ma fiche); je marque ces 4 sur l'échelle, deuxième division, quatrième degré.

3° Multipliant ensuite les unités du multiplicande par les dixaines du multiplicateur, je pose une fiche au point d'intersection dans la seconde case de la première colonne, disant deux fois 2 font 4 (produit indiqué); je marque ces 4 sur la première auxiliaire de l'échelle, deuxième division, quatrième degré.

4° Enfin multipliant les dixaines du multiplicande par celles du multiplicateur, je pose une fiche au point d'intersection dans la seconde case de la seconde colonne, disant deux fois 2 font 4 (nombre indiqué); je marque ces 4 sur l'échelle, troisième division, quatrième degré.

Cela fait, il s'agit d'additionner ces 4 produits partiels pour connaître le produit total. Or, dans la première division de l'échelle il n'y a qu'un chiffre, ainsi rien à additionner. Dans la seconde il y a deux 4 qui font 8; je marque 8 au huitième degré de cette division et j'élimine les deux 4. Dans la troisième division il n'y a qu'un chiffre, ainsi, point d'addition à faire. Le produit total se trouve être 484. Cet exemple suffit.

Observations sur les rapports. 1° Il faut faire attention, en prenant d'ailleurs pour guide la case normale, que les produits fixés sur chaque neuvième et forte ligne soit verticale, soit horizontale d'une case, par exemple 9, 18, 27, etc., appartiennent à cette case et doivent conséquemment être rapportés sur l'échelle dans la division correspondante à cette case.

2° Lorsque le produit se compose de deux chiffres, par exemple, 24, les dixaines se marquent, sur l'échelle, dans la division à gauche de la division correspondante. Si donc j'ai dans la case normale le produit 24, je marque 4 dans la première division de l'échelle et 2 dans la seconde.

3° Lorsque le produit est dans une case première, il se rapporte toujours dans la division qui est au-dessous de cette case.

4° Lorsque le produit est dans un case supérieure, telle que deuxième, troisième, etc, de quelque colonne que ce soit, le rapport se fait toujours dans la division qui est au-dessous de celle des cases premières dont l'angle supérieur droit regarde obliquement l'angle inférieur gauche de la case où est le produit. C'est ce qu'on a dû remarquer lorsque, dans l'exemple de multiplication qui précède, nous avons rapporté dans la seconde division, c'est-à-dire au-dessous de la première case de la seconde colonne, le produit 4 fixé dans la seconde case de la première colonne. C'est une règle générale.

D'où il suit que les produits fixés dans la troisième case de la première colonne, dans la seconde de la seconde colonne et dans la première de la troisième colonne, doivent tous se rapporter dans la troisième division de l'échelle. En effet ils sont tous du même ordre. Ainsi des autres.

5° Lorsque la case où est le produit ne correspond pas, obliquement, à une division horizontale de l'échelle, mais à une division du complément; le rapport se fait dans celle des divisions du complément, à l'angle supérieur droit de laquelle répond obliquement l'angle inférieur gauche de la case où est le produit. Par exemple, sur le Numérateur format in 5-6, la cinquième case de la troisième colonne correspond à la première division du complément, qui est celle des millions. Ainsi des autres.

Seconde manière. La seconde manière d'opérer ne diffère de la première qu'en ce que, 1° on fixe de prime-abord tous les produits partiels avant d'en rapporter aucun; 2° en ce qu'on les rapporte dans tel ordre, qu'on veut pourvu que ce soit dans la division de correspondance; 3° en ce qu'on ne dit pas *tant* de fois *tant* font *tant*, mais qu'on rapporte le produit tel que l'indique la fiche-produit, en ne l'énonçant même que mentalement si on veut; 4° enfin en ce qu'on enlève la fiche-produit à mesure que l'on rapporte. Il faut, avant de passer à cette seconde manière d'opérer, avoir acquis une assurance suffisante par la pratique de la première.

Comparaison entre la Multiplication sur le papier et la Multiplication sur le Numérateur.

On a déjà dû y remarquer les principaux traits de ressemblance; il nous sera plus aisé de les faire mieux sentir.

1° Dans l'opération sur le papier, on commence par marquer le multiplicande, et, au-dessous, le multiplicateur. Les deux facteurs y sont donc couchés l'un sur l'autre, comme le sont les deux branches d'un pied de roi fermé; mais aussi il faut que l'esprit et la mémoire fassent la multiplication, engendrent eux-mêmes le produit. Les chiffres ne sont que des générateurs supposés qui n'engendrent absolument rien. Ils ne sont là que comme indicateurs, non comme agens de la multiplication. Or, l'esprit et la mémoire, qui ne sont que les imitateurs de la nature dans la génération des nombres, peuvent fort bien errer dans leur imitation et engendrer des produits faux ou imparfaits. C'est ce qui arrive à l'esprit et à la mémoire de chacun, même des plus habiles.

Sur le Numérateur, au contraire, les facteurs ne sont pas couchés l'un sur l'autre, mais s'ouvrent en équerre en se tenant conséquemment par une extrémité à leur origine commune, et font voir clairement à l'œil dans leur intervalle, dans cette espèce de sein, tous les produits qu'ils engendrent; et les produits partiels y sont rigoureusement en proportion avec les élémens qui les forment. Ici, c'est donc la nature elle-même qui engendre les nombres, et elle ne se trompe pas, elle ne peut se tromper.

2° Sur le papier, quand les facteurs sont ainsi disposés, on se dit *tant* de fois *tant* font *tant*. Et, comme nous venons de l'observer, on peut aisément se tromper, surtout quand on est las. Sur le Numérateur on peu dire la même chose comme on peut s'en abstenir; mais, qu'on le dise ou qu'on ne le dise pas, l'erreur n'est pas possible si les yeux ne sont pas fermés, car le point d'intersection fixe toujours un produit certain; il suffit de marquer ce point.

3° Sur le papier, quand on a déterminé dans son esprit le produit partiel, on le marque au-dessous des deux facteurs. Sur le Numérateur, même chose, c'est ce que j'appelle *rapporter*.

4° Quand on passe d'un chiffre à un autre du Multiplicateur, on recule d'une colonne ou division vers la gauche la marque ou le rapport des produits. Sur le Numérateur même chose; mais sur le papier on ne place pas toujours les chiffres sous la colonne qui convient, soit parce qu'on est dans le doute à cet égard, soit parce que les colonnes se touchent de si près qu'elles se confondent souvent; de là erreur grave et difficile à découvrir, tandis que sur le Numérateur il est fort difficile de prendre une division pour une autre tant elles sont larges et distinctes, et qu'il y a d'ailleurs une règle invariable pour les rapports.

5° Quand on a marqué, au-dessous des deux facteurs, tous les produits partiels, on les additionne, on les somme; même chose sur le Numérateur.

6° On va généralement beaucoup plus vîte sur le papier, comme dans les autres opérations, quoique dans certains cas on aille au contraire beaucoup moins vîte; mais si on va plus vîte on est souvent obligé de recommencer, de faire une preuve où l'on se trompe encore; cela devient à peu près inutile sur le Numérateur, parce que, pour peu qu'on soit exercé, on a droit de croire qu'on ne s'est pas trompé.

7° Enfin, sur le papier, l'esprit d'un étudiant est faiblement satisfait, reste dans le doute, se fatigue vîte, se dégoûte. Sur le Numérateur l'opération devient un jeu, un amusement, et surtout imprime dans l'esprit une connaissance fixe, large, entière, et conséquemment plus saisissable et plus satisfaisante du système de la multiplication des nombres.

Cette connaissance est en effet fort importante; car elle renferme en même temps tous les principes de décomposition ou d'analyse par voie de divison, d'extraction de racine carrée, d'extraction de racine cubique; et si on veut parvenir à bien entendre et faire ces dernières opérations, il faut auparavant se bien pénétrer du système de la multiplication.

DIVISION.

La division est le mode le plus bref de décomposer un nombre comme la multiplication est le mode le plus bref de le composer. Elle est donc la contre-partie, le renversement complet de la multiplication.

Nous allons en donner des exemples gradués.

Premier exemple.

Si j'avais multiplié 4 par 2, j'aurais d'abord marqué 4 sur la ligne-multiplicande et 2 sur la ligne-multiplicateur. Leur produit se serait formé dans la case normale, et ce produit 8 aurait été rapporté sur l'échelle au huitième degré de la première division.

Si j'examine les choses en cet état, la figure formée par le croisement de la quatrième ligne verticale avec la deuxième ligne horizontale ne me fait pas seulement voir que 4 y est contenu deux fois, j'y vois aussi que dans un autre sens 2 y est contenu quatre fois. En effet, comptant verticalement les unités de cette figure jusqu'à la hauteur du multiplicateur, au lieu de les compter horizontalement jusqu'au multiplicande, la première verticale me montre 2 unités, la seconde en ajoute 2 qui font 4, la troisième 2 qui font 6, et la quatrième 2 qui font 8 et complètent la figure. Voilà ce qu'il faut bien faire observer aux enfans. C'est une vérité essentielle dans la division. Ils verront par-là qu'une table de multiplication est en même temps une table de division; que si, par exemple, 2 multipliés par 4 ou 4 multipliés par 2 donnent 8; 8 divisés par 2 donnent 4, et par 4 donnent 2. C'est même cet exemple qui est le plus propre à rendre sensible cette proposition algébrique, que *a* multiplié par *b* ou *b* multiplié par *a* donnent *ab*; et que, par contraire, *ab* divisé par *b* donne *a*, et par *a* donne *b* pour quotient.

Si donc ensuite je veux diviser 8 par 2, c'est-à-dire si je me demande *en* 8 *combien de fois* 2? il est évident que sans rien déranger, mais parcourant la deuxième ligne horizontale de droite à gauche jusqu'à ce que je rencontre 8, je le rencontrerai au quatrième degré en regard du chiffre multiplicande 4. Ce qui m'annonce clairement que 2 sont contenus 4 fois dans 8.

Il suit de là que le produit de ma multiplication est devenu dividende, que le multiplicateur est devenu diviseur, qu'enfin le multiplicande est devenu quotient, et que, conséquemment, il faut pour toute division sur le Numérateur marquer le dividende sur l'échelle, le diviseur sur la ligne-multiplicateur, et le quotient sur la ligne-multiplicande.

Il en résulte aussi que, comme le dividende représente un produit, il faut, pour trouver le quotient, chercher d'abord ce produit dans la case où il a dû se former; car dès qu'il est trouvé, au moins le plus aproximativement (voyez le cinquième exemple), le quotient juste ou le plus approximatif est à l'instant trouvé sur la ligne-multiplicande.

Le premier besoin, après que les élémens de la division sont marqués, savoir le dividende et le diviseur, est donc de trouver la case. Or, si on a bien fait attention à la manière dont, dans la multiplication, les rapports se font sur l'échelle, on n'aura pas de peine à retrouver la case. Au surplus, voici des règles :

1° La case est nécessairement une de celles que traverse la ligne horizontale du chiffre diviseur, ou, s'il y en a plusieurs, du plus élevé de ces chiffres.

2° Puisque, dans la multiplication, le rapport se fait sous la case première de chaque colonne quand le produit est dans cette case.

c'est toujours dans la case première qui se trouve au-dessus du dividende, qu'il faut chercher le produit toutes les fois que le diviseur est dans la division des unités. (Voyez ci-après deuxième exemple.)

3° Puisque, quand le produit est dans une case supérieure, le rapport se fait en descendant obliquement de droite à gauche sur l'échelle, on retrouvera la case en remontant obliquement de gauche à droite.

4° Enfin, quand le plus fort chiffre du dividende est moindre que le chiffre diviseur (ou le plus fort s'il y en a plusieurs), alors, ce n'est pas dans la correspondance de ce chiffre du dividende qu'il faut chercher la case, car il ne peut plus être considéré que comme le second chiffre d'un produit renfermant des dixaines; mais, en lui adjoignant le chiffre qui le précède à sa droite, on cherche la valeur de ces deux chiffres réunis, dans la case correspondant au chiffre de droite. (Voyez ci-après deuxième exemple.)

Deuxième exemple.

Si j'avais à diviser 72 par 8 : après avoir marqué le dividende et le diviseur, je vois d'abord que la case à chercher est une des premières, puisque le diviseur est dans la division des unités; mais ce n'est pas la première case de la seconde colonne, quoique 7 soit dessous, car 7 ne peut être le produit de 8 par aucun chiffre. Je lui adjoins donc le 2 et je cherche 72 dans la case normale au-dessus du 2. Ainsi, prenant la huitième ligne horizontale et la parcourant de droite à gauche, je trouve successivement 8, 16, 24, 32, 40, 48, 56, 64, 72. Là je pose une fiche qui répond verticalement au neuvième degré de la première division de la ligne-multiplicande. Je pose pareillement une fiche à ce neuvième degré qui est mon quotient trouvé. Et comme le produit de ce quotient par le diviseur est égal au dividende, je m'arrête là.

Troisième exemple.

Si j'ai 7,200 à diviser par 8 : après avoir marqué le dividende et le diviseur comme il a été dit, je reconnais d'abord que 7 tout seul ne peut être un produit. Je lui adjoins 2, et comme le diviseur est dans la division des unités, je cherche 72 dans la case première au-dessus du 2. Ayant trouvé 72 à la hauteur du 8, je le marque et je marque aussi sur la ligne multiplicande le degré correspondant verticalement au produit trouvé. Ce degré est 9 valant 900. Ensuite je rapporte le produit trouvé comme dans la multiplication; mais comme l'échelle est occupée par le dividende, je fais le rapport sur la première auxiliaire. Je compare le produit avec le dividende, et comme il y a égalité, j'en conclus que le quotient cherché est bien 900.

Quatrième exemple.

Si j'ai 484 à diviser par 22, après avoir marqué 484 sur l'échelle et 22 sur la ligne-multiplicateur, je reconnais d'abord que 4 seul, plus fort chiffre du dividende, peut être un produit de 2, plus fort chiffre du diviseur. De plus, je reconnais que le plus fort chiffre du diviseur étant dans la division ou bande des dixaines, c'est dans une case de cette bande que je dois chercher le produit 4. Et comme c'est une case supérieure, j'y remonte obliquement de gauche à droite. Je tombe ainsi dans la deuxième case de la deuxième colonne. Là, prenant la deuxième horizontale, et allant de droite à gauche, j'y trouve d'abord 2, puis le cherché 4. Je marque ce produit. Je pose une autre fiche dans la première case sur la même ligne verticale au degré indiqué par le second chiffre du diviseur. J'en pose enfin une autre sur la ligne-multiplicande, vis-à-vis et sur la même ligne verticale que les deux premières. Cette dernière fiche me marque 2 dans la division des dixaines. Pour m'assurer que ce quotient est juste et en pouvoir ensuite trouver un autre dans la division des unités, je rapporte, comme dans la multiplication, les produits marqués dans les première et deuxième cases de la seconde colonne. Ce rapport se fait sur la première auxiliaire. Il me donne 44 (valant 440) que je soustrais par élimination de ceux des chiffres du dividende auxquels ces 44 répondent, c'est-à-dire de 48. Il reste 4 sur la première auxiliaire. J'abaisse à sa droite le 4 qui reste au dividende. Cet abaissement se fait sans déranger le 4 du dividende, mais en marquant 4 au-dessous sur l'auxiliaire. Il reste donc au dividende 44 marqués sur l'auxiliaire. Or, comme le premier 4, plus fort chiffre de ce reste, est divisible par 2, plus fort chiffre du diviseur, je remonte encore obliquement dans la case où il a dû être produit. Je tombe ainsi dans la seconde case de la première colonne. Là, prenant la seconde ligne horizontale, je trouve 2, puis 4 cherché. Je marque ce produit. Je marque également le produit formé dans la case inférieure sur la même ligne verticale par 2, moindre chiffre du diviseur. Je marque enfin le quotient sur la ligne-multiplicande. Ce quotient est 2 dans la division des unités. Pour m'assurer qu'il est juste, je rapporte les deux produits, comme dans la multiplication, mais sur la seconde auxiliaire ; ils m'y donnent 44 qui se trouvent en équation avec le reste du dividende : d'où je conclus que mon quotient total est juste 22.

Cinquième et dernier exemple.

Si j'ai 480 à diviser par 63, je marque d'abord le dividende et le diviseur comme il a été dit. Je reconnais ensuite que 4 seul, plus fort chiffre du dividende, ne peut être un produit de 6, plus fort chiffre du diviseur. Je lui adjoins donc 8; ce qui fait 48. Je reconnais ensuite que la case à chercher est dans la seconde bande, puisque 6 est dans la division des dixaines. Je remonte donc obliquement du 8 à la seconde bande et je tombe dans la seconde case de la première colonne. Là, prenant la sixième ligne horizontale de cette case, et la parcourant de droite à gauche, je trouve successivement 6, 12, 18, 24, 30, 36, 42 et enfin 48 produit cherché. Je le marque. Je marque aussi dans la première case (case normale) le produit correspondant au 3 du diviseur, c'est 24. Je marque enfin le quotient au point correspondant de la ligne multiplicande; c'est 8. Je m'arrête là et je considère que si je rapportais les deux produits 48 et 24, les deux dixaines de celui-ci étant additionnées avec 48 feraient 50, c'est-à-dire plus de 48, que conséquemment je ne pourrais pas faire la soustraction. Ainsi, au lieu de réaliser ce rapport et cette addition dont je prévois que le résultat serait excessif, et jugeant suffisamment par là que mon quotient est trop fort à cause du produit 24 quoiqu'il ne le soit pas à cause du prodait 48, je recule mes trois fiches d'un degré vers la droite, et j'ai dans la seconde case 42, dans la première 21, et au quotient 7.

Nota. on voit par là que toutes les fois qu'il y a plusieurs chiffres au diviseur, il faut avoir soin, pour éviter de faire un rapport inutile, de s'assurer qu'il n'y aura pas excès, au moins à cause du deuxième produit, en réunissant par la pensée ce deuxième produit au premier.

Ayant donc marqué le quotient 7 qui est dans la division des unités, je rapporte et additionne ensemble sur la première auxiliaire les deux produits 42 et 21 qui me font 441. Je soustrais par élimination et il me reste sur la première auxiliaire 39.

Or, il est évident que, puisque mon quotient 7 est dans la division des unités, le reste 39 du dividende ne pourrait plus me donner que des quotiens décimaux.

Si donc je veux obtenir un quotient décimal, je recule 39 d'une division vers la gauche et il devient 390. Je recule pareillement mon quotient 7 d'une division vers la gauche et il devient 70. Par ce moyen la division des unités devient libre dans la ligne-multiplicande et je puis y marquer un quotient décimal. De même aussi le reste 39 qui n'était pas divisible est devenu divisible. Or, je fais cette division tout comme pour les entiers, il n'y a pas la moindre différence; et j'obtiens pour quotient décimal 6 avec un reste de 12 que je néglige, mais dont je pourrais tirer une seconde décimale en procédant absolument comme pour la première.

Si enfin je veux faire une preuve par une multiplication générale, je multiplie le diviseur par le quotient 76, sans déranger le dividende 480 ni le reste 12. Je rapporte sur la première, et en cas de besoin sur la seconde auxiliaire, tous les produits; je les additionne tous sur la première avec le reste 12 que j'ai laissé en place, et si mon opération a été bien faite, il doit y avoir équation entre le produit total, y compris le reste, et le dividende 480; à la seule différence qu'ayant introduit une décimale dans la multiplication, le produit total se trouvera plus avancé d'une division vers la gauche, et qu'il faudra, pour faire mieux la comparaison, le rapprocher d'une division vers la droite.

Observations.

On voit par tous ces exemples que, sur le Numérateur, les divisions se font absolument selon les mêmes règles que sur le papier. Cependant nous devons expliquer ici ce qu'il faut faire dans un certain cas, rare à la vérité, mais qui peu se présenter, et où l'ón pourrait se trouver fort embarrassé. Ce cas, le voici :

Il peut arriver, lorsque le plus fort chiffre du dividende est dans une division du complément de l'échelle, que la plus basse case en correspondance oblique avec cette division soit encore plus haute que la division du plus fort chiffre du diviseur. En ce cas,

1° On élevera tous les chiffres du diviseur d'autant de divisions qu'il le faudra pour que la division de son plus fort chiffre soit sur la même bande horizontale que la case qui répond et touche immédiatement par son angle inférieur gauche à la division complémentaire où est le plus fort chiffre du dividende.

2° On fera la division dans cet état *supposé* du diviseur.

3° Et quand le quotient total sera trouvé, comme il sera dix fois, ou cent fois, etc., plus faible qu'il ne doit être, selon qu'on a élevé le diviseur d'une ou deux, etc., divisions, on restituera le quotient à sa véritable valeur en le reculant d'autant de divisions vers la gauche.

FRACTIONS.

Il est inutile de rien dire des fractions décimales, puisque, sur le Numérateur comme sur le papier, elles sont soumises aux mêmes lois que les entiers. En effet, le Numérateur peut être considéré, sous ce rapport, comme un vaste tout, divisé et subdivisé en fractions décimales, selon le même système que pour les entiers.

Mais il n'en est pas de même des fractions dites *vulgaires* telles que moitié, tiers, quart; et il est assez difficile aux jeunes gens de comprendre et retenir les règles qui s'y appliquent. Nous croyons donc devoir au moins indiquer aux maîtres comment le Numérateur peut leur servir à faire leurs démonstrations en cette matière.

Démontrer ce que c'est qu'une fraction.

Pour comprendre ce que c'est qu'une fraction, il faut avoir l'idée du tout ou entier. Car, bien qu'une fraction, considérée en elle-même, soit une unité, elle n'est qu'une unité fractionnaire si on la considère comme appartenant à une plus grande unité dont elle est détachée, dont elle est une quote-part déterminée.

Si donc je prends pour *tout* de longueur les deux premiers degrés d'une ligne quelconque du Numérateur, par exemple, de la première ligne horizontale, il est évident que ce sera un tout partagé en deux parties ou fractions égales. J'aurai donc, dans ces exemples, tout à la fois l'idée du tout et celle de chacune de ses parties, c'est-à-dire de *moitié*.

De même si je prends pour *tout*, toujours de longueur, les trois premiers degrés de la même ligne, au lieu seulement des deux premiers, j'aurai tout à la fois l'idée du tout et celles d'un tiers, de deux tiers de ce tout. Ainsi de suite si je renferme dans le tout un plus grand nombre de degrés ou divisions.

De même encore, si je prends, pour *tout* de surface, le carré formé dans la case normale par les deux premières verticales et les deux premières horizontales, j'aurai 1° l'idée du tout, 2° l'idée de quart, celle de moitié, celle de trois quarts.

Si enfin je veux avoir l'idée d'un entier, plus, d'une fraction d'un autre entier semblable au premier, j'aurai cette idée si, par exemple, prenant pour un entier les 9 degrés réunis d'une division horizontale, j'y ajoute les deux premiers degrés de la division suivante, car j'aurai, dans toute cette longueur, un entier plus 2 neuvièmes d'un autre.

Il en sera de même si je prends un entier de surface, car, par exemple, la case normale étant prise pour entier et la case à gauche ou la case au-dessus étant prise pour un autre entier, j'aurai l'idée de l'entier par la case normale et l'idée de 2/9 d'un autre par les deux portions adjointes, bandes ou colonnes, de la case voisine.

On voit par là qu'en prenant pour fraction ou unité fractionnaire un degré ou un petit carré sur le Numérateur, on peut, en ajoutant ces unités les unes aux autres, en former un entier divisé en tel nombre de parties que l'on veut. Tout le Numérateur peut ainsi être pris pour un entier.

On ne doit plus faire attention, dans une telle combinaison, à la division décimale du Numérateur. Ainsi, par exemple, après le dixième degré, on ne dira pas 20, 30, mais 11, 12. En effet les fractions dont il s'agit ne se formant pas par la division et subdivision constante et régulière d'un tout de dix en dix parties égales, ne sont pas naturellement des dixièmes, des centièmes, etc., mais elles sont tantôt des demi, des tiers, des quarts, des cinquièmes, etc., tantôt des subdivisions de ces mêmes premières fractions : aussi prennent-elles la dénomination que leur assigne le nombre de parties auquel le tout a été réduit.

Réduire deux fractions au même dénominateur.

Cette opération préliminaire est indispensable toutes les fois qu'on veut opérer sur deux ou plusieurs fractions d'un ordre différent et conséquemment d'une dénomination différente. On peut, sur le Numérateur, rendre cette réduction très sensible aux yeux.

Exemple. Si j'ai 4 dixièmes et 3 neuvièmes ; prenant à volonté 4/10 pour multiplicande et 3/9 pour multiplicateur, je marque les 4/10 sur la ligne-multiplicande en posant une fiche au quatrième degré et une au dixième. Je marque ensuite les 3/9 sur la ligne-multiplicateur en y posant une fiche au troisième degré et une au neuvième. Par cette première opération, j'ai formé deux *touts* ou *entiers* linéaires; l'un composé de dix parties dont j'en détache 4, l'autre composé de 9 parties dont j'en détache 3.

Ensuite je pose une fiche au point d'intersection de la dixième verticale avec la neuvième horizontale, et par cette conjonction des deux dénominateurs des deux fractions, j'ai formé un tout nouveau, un tout de surface né des deux autres touts avec lesquels il se confond. Si en effet je le considère horizontalement, je le trouve partagé en neuf parties principales ou petites bandes égales; et verticalement je le trouve partagé en 10 parties principales ou petites colonnes égales. Et comme par le croisement des lignes chaque dixième partie verticale est subdivisée en 9 parties égales ou petits carrés, par contraire chaque neuvième partie horizontale est subdivisée en 10 parties égales ou petits carrés. Ce qui fait que le tout renferme 90 petits carrés ou unités fractionnaires qui, par cette raison, prennent chacune la dénomination commune de quatre-vingt-dixième.

Voyons à présent la part que prennent chacune des deux fractions dans ce tout commun.

1° Si je pose une fiche à l'endroit où la quatrième ligne verticale se croise avec la neuvième ligne horizontale, je forme, dans la figure totale, une nouvelle figure qui renferme 36 unités fractionnaires du tout, distribuées sur quatre rangs de 9 chacun et équivalant ensemble à 4/10 du nouveau tout. Donc la fraction 4/10 est la même chose que 36/90.

2° Si je pose une autre fiche à l'endroit où la troisième ligne horizontale se croise avec la dixième ligne verticale, je forme encore, dans la figure totale, une nouvelle figure qui renferme 30 unités fractionnaires du tout, distribuées sur trois rangs de 10 chacun et équivalant ensemble à 3/9 du nouveau tout. Donc la fraction 3/9 est la même chose que 30/90.

Il est maintenant aisé de voir que dans toutes ces opérations je n'ai fait autre chose que multiplier 1° le dénominateur et le numérateur de la fraction 4/10 par le dénominateur 9 de l'autre, 2° le dénominateur et le numérateur de la fraction 3/9 par le dénominateur 10 de la première.

On y remarquera aussi que si le numérateur d'une fraction devient plus grand, le dénominateur devient aussi proportionnellement plus grand; et que cette augmentation proportionnelle s'opérant dans les deux fractions en même temps, leur rapport primitif n'est pas changé.

Cela bien entendu, il devient ensuite facile d'opérer sur les fractions ainsi réduites à la même dénomination.

Additionner.

Je rapporte les deux produits 36 et 30 sur l'échelle comme dans la multiplication. J'additionne, ce qui me donne 66 unités fractionnaires sous la dénomination de *quatre-vingt-dixièmes.* Additionner deux fractions est donc tout simplement ajouter les deux nouveaux numérateurs l'un à l'autre, et appliquer à leur somme le dénominateur commun.

Soustraire.

Je rapporte 36 sur l'échelle et 30 sur la première auxiliaire. Je fais la soustraction; il reste 6 quatre-vingt-dixièmes. C'est donc encore tout simplement le plus petit numérateur nouveau qui est retranché du plus grand, et le dénominateur commun appliqué au reste.

Multiplier.

Dans cette opération il s'agit de prendre 4 dixièmes trois neuvièmes de fois, et conséquemment de reconnaître quelle figure proportionnelle la quatrième verticale et la troisième horizontale forment dans la figure totale pour voir ensuite combien cette figure proportionnelle renferme d'unités fractionnaires de la dénomination totale. Posant donc une fiche au point d'intersection de ces deux lignes, je trouve dans la figure formée 12 unités. Le produit cherché est donc 12 quatre-vingt-dixièmes. Il est visible en effet qu'ainsi je prends les 4/10 du tout trois neuvièmes de fois seulement. Donc pour multiplier deux fractions, il faut multiplier les deux dénominateurs l'un par l'autre et les deux numérateurs de même. Il en résulte une nouvelle fraction proportionnelle.

Diviser.

Si nous prenons pour dividende 4/10 et pour diviseur 3/9 (ici la fiche que, dans la multiplication, j'ai posée à l'intersection de la quatrième verticale avec la troisième horizontale devient inutile), il s'agit de savoir combien de fois ou portions de fois 4/10 contiennent 3/9, et, *vice versâ*, combien de fois ou portions de fois 3/9 sont contenus dans 4/10, en un mot il s'agit de connaître le rapport géométrique qui existe de l'une à l'autre fraction. Or, ce rapport est déjà trouvé et marqué dans les produits 36 et 30. Si donc je veux me borner à l'énoncer sous la forme d'une nouvelle fraction, cette fraction aura pour numérateur 36, produit du numérateur du dividende par le dénominateur du diviseur, et pour dénominateur 30, produit du dénominateur du dividende par le numérateur du diviseur. Elle sera donc $\frac{36}{30}$, ce qui indique que 36 est à diviser par 30, et que conséquemment 4/10 sont à 3/9 comme 36 sont à 30. Si je la réduis elle deviendra $\frac{6}{5}$ ou 1 $\frac{1}{5}$. Je pourrais également diviser 36 par 30 d'après les règles ordinaires, ce qui me donnerait nécessairement aussi pour quotient 1 plus 1/5 : d'où il suit que 4/10 ou 36 contiennent 3/9 ou 30 une fois, plus un cinquième de fois, ou, ce qui est la même chose, que 3/9 sont les cinq sixièmes de 4/10.

De là vient la règle établie pour la division d'une fraction par une autre fraction.

CALCULER

Sur le Numérateur comme sur le papier.

On peut calculer ainsi à l'aide de fiches portant des chiffres. Chacun peut s'en fabriquer en carton ou autre matière. On trouve aussi des assortimens de ces chiffres mobiles aux dépôts du Numérateur.

Cette manière de calculer est commode pour les jeunes personnes. En même temps elle leur apprend à mettre en pratique sur le papier les théories enseignées sur le Numérateur.

FIN.

www.ingramcontent.com/pod-product-compliance
Lightning Source LLC
LaVergne TN
LVHW011958160826
845678LV00002B/603